算数だいじょうぶドリル　**2年生**　もくじ

JN089093

別冊解答

おうちの方へ

教科書の内容すべてではなく、特につまずきやすい単元や次学年につながる内容を中心に構成しています。前の学年の内容でつまずきがあれば、さらにさかのぼって学習するのも効果的です。

これから、勉強する内容だよ。
取り組む前に、名前と取り組んだ月日をかこう！

今日のやる気を☆にぬろう

ポイント3

「トライ」ができたら
いろんな問題にチャレンジ！
１つずつていねいにとこう！

ポイント1

まず「トライ」にチャレンジ！
むずかしかったら、コッツはかせに聞いてみよう！

ポイント2

「解説」
コッツはかせが問題のとき方を
やさしく教えてくれるよ！
読んで確認してみよう！

アドバイスをしてくれるよ

勉強したことを「ロボたま」に教えてあげよう！
きみが教えてあげると「ロボたま」が進化するんだ！

これもイイね！

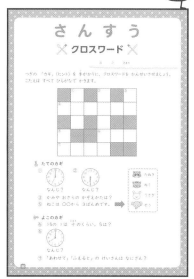

ちょっとひと休み♪
「算数クロスワード」で
楽しく算数のべんきょうをしよう

「答え」をはずして使えるから
答えあわせがラクラクじゃ♪

ハイ！ガンバリ マショウ

1　かずと すうじ

1 つぎの すうじの かきじゅんを たしかめましょう。

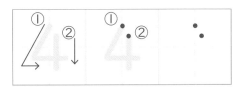 

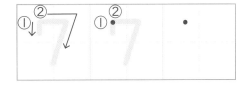 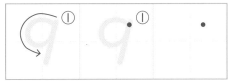

2 おなじ かずどうしで くみあわせます。
え、すうじ、□を せんで むすびましょう。

① 🍬🍬🍬🍬🍬🍬🍬🍬　●　　　●　9　●　　　●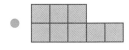

② 🍬🍬🍬🍬🍬🍬🍬🍬　●　　　●　8　●　　　●

③ 🍬🍬🍬🍬　●　　　●　4　●　　　●

④ 🍬🍬🍬🍬🍬🍬🍬🍬🍬🍬　●　　　●　5　●　　　●

⑤ 🍬🍬🍬🍬🍬　●　　　●　10　●　　　●

3 2つの かずを くらべます。
大きい ほうに ○を つけましょう。

① 1 3 　② 3 2 　③ 7 9
（ ）（ ）　（ ）（ ）　（ ）（ ）

④ 4 8 　⑤ 6 5 　⑥ 9 8
（ ）（ ）　（ ）（ ）　（ ）（ ）

4 すうじを かずの じゅんに ならべます。
□に あてはまる すうじを かきましょう。

① 4 → □ → 6 → □ → □ → □

② 0 → □ → □ → □ → 4 → □

③ 10 → □ → 8 → □ → □ → □

→ □ → 3 → □ → 1 → □

③は だんだん 小さく なって いるよ

② 🐟 いくつと いくつ

月　　日　　名まえ

🐻 **1** つぎの かずは いくつと いくつに なりますか。

①
6	
2	

②
8	
6	

③
7	
	2

④
7	
4	

⑤
8	
5	

⑥
10	
	8

⑦
9	
7	

⑧
9	
4	

⑨
10	
4	

🐻 **2** あわせると いくつに なりますか。

① 6 と 2 で ☐

② 3 と 4 で ☐

③ 5 と 1 で ☐

3 10に なるように □に かずを かきましょう。

① 7 と □ で 10

② 9 と □ で 10

③ □ と 10 で 10

④ □ と 1 で 10

4 10は いくつと いくつに わけられますか。
◯に すうじを かきましょう。

①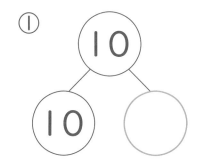

②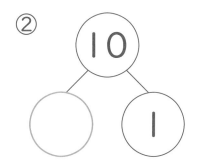

③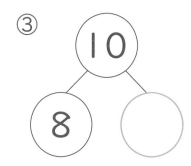

④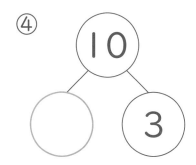

⑤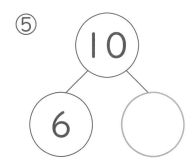

⑥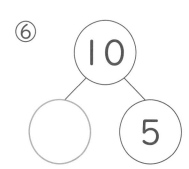

ロボたまに おしえよう！

9と （　　）を あわせると 10に なるよ！

1 つぎの たしざんを しましょう。

ブロックを 見て
かんがえよう！

① 4＋3＝ ▢

② 2＋4＝ ▢

③ 3＋5＝ ▢

④ 5＋4＝ ▢

⑤ 3＋3＝ ▢

⑥ 2＋6＝ ▢

⑦ 7＋2＝ ▢

⑧ 3＋4＝ ▢

2 つぎの ひきざんを しましょう。

① 9−7 = ⬜

② 6−3 = ⬜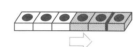

③ 9−5 = ⬜

④ 8−2 = ⬜

⑤ 9−3 = ⬜

⑥ 6−5 = ⬜

⑦ 7−4 = ⬜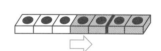

⑧ 8−4 = ⬜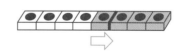

ロボたまに おしえよう！

5＋2 = （　　） 　　7−3 = （　　）

9

4 🐟 10より 大きい かず

月　日　名まえ

1 🐻 ブロックの かずを □□ に すうじで かきましょう。

①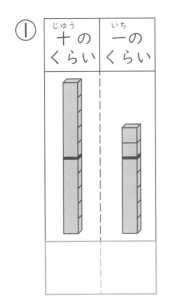

②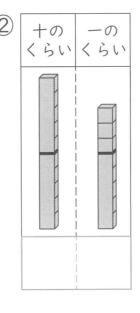

③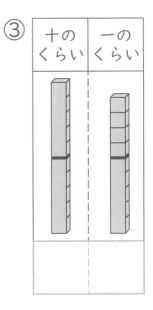

④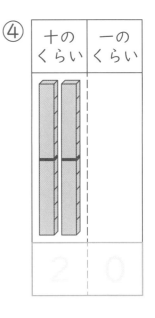

2 🐻 ブロックの 下の すうじの かずだけ ブロックに すきな いろを ぬりましょう。

①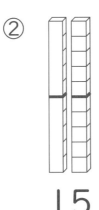
11

②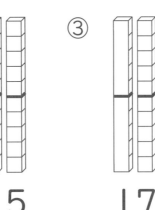
15

③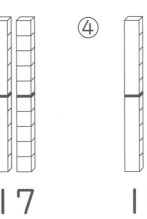
17

④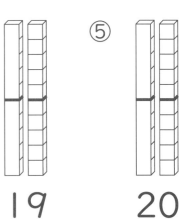
19

⑤
20

3 ☐に あてはまる かずを かきましょう。

① 10 と 3 で ☐

まずは 一のくらいの
0と 3を あわせると
かんがえよう

② 10 と 7 で ☐

③ 10 と 5 で ☐

④ 10 と 9 で ☐

⑤ 10 と 1 で ☐

4 ☐に あてはまる かずを かきましょう。

① 12 は 10 と ☐

10と あと
いくつ かずが
あるのかな？

② 18 は 10 と ☐

③ 14 は 10 と ☐

おなじ くらいどうしの
かずを あわせると
かんがえるのじゃ！

④ 16 は 10 と ☐

ロボたまに おしえよう！

13は 10と （　　　）に わけられるよ。

月　　日　　名まえ

トライ　ひかりさんは どんぐりを 9こ ひろいました。
また 3こ ひろいました。
どんぐりは ぜんぶで なんこに なりますか。

しき

こたえ　☐ こ

　はて？

くり上がりの ある たしざんの けいさんは むずかしいね…

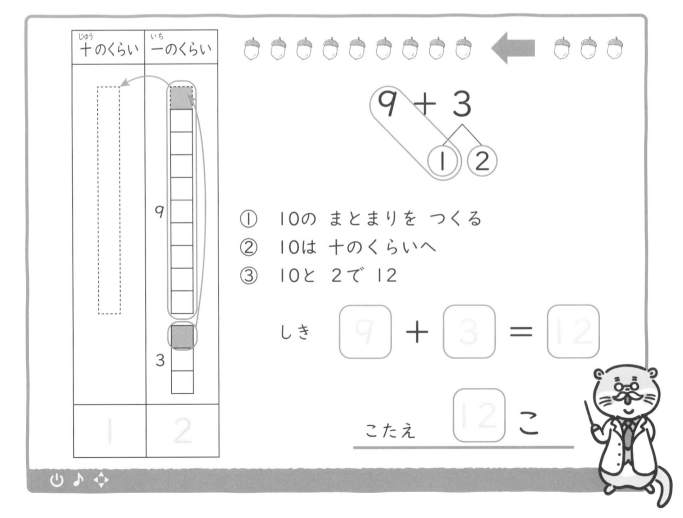

十のくらい	一のくらい
1	2

9 + 3
① 2

① 10の まとまりを つくる
② 10は 十のくらいへ
③ 10と 2で 12

しき　9 ＋ 3 ＝ 12

こたえ　12 こ

1 あめを おとうとが 4こ、いもうとが 7こ もって います。
あわせて なんこに なりますか。

しき

こたえ _____

2 つばめが 6わ とまって います。
9わ とんで くると、あわせて なんわに なりますか。

しき

こたえ _____

3 ハムスターが 8ぴき います。りすは ハムスターより
8ぴき おおい そうです。
りすは なんびき いますか。

しき

こたえ _____

ロボたまに **おしえよう！**

くり上がりの ある たしざんでは、
まず（　　　　）の まとまりを つくるのが だいじだよ。

6 くり上がりの ある たしざん②

 つぎの けいさんを しましょう。

① 2+8＝

② 2+9＝

③ 3+7＝

④ 3+8＝

⑤ 3+9＝

⑥ 4+6＝

⑦ 4+7＝

⑧ 4+8＝

⑨ 4+9＝

⑩ 5+5＝

⑪ 5+6＝

⑫ 5+7＝

⑬ 5+8＝

⑭ 5+9＝

⑮ 6+4＝

⑯ 6+5＝

⑰ 6+6＝

⑱ 6+7＝

⑲ 6+8＝

⑳ 6+9＝

㉑ 7+3＝

㉒ 7+4＝

- ☐ ㉓ $7+5=$
- ☐ ㉔ $7+6=$
- ☐ ㉕ $7+7=$
- ☐ ㉖ $7+8=$
- ☐ ㉗ $7+9=$
- ☐ ㉘ $8+2=$
- ☐ ㉙ $8+3=$
- ☐ ㉚ $8+4=$
- ☐ ㉛ $8+5=$
- ☐ ㉜ $8+6=$
- ☐ ㉝ $8+7=$

- ☐ ㉞ $8+8=$
- ☐ ㉟ $8+9=$
- ☐ ㊱ $9+1=$
- ☐ ㊲ $9+2=$
- ☐ ㊳ $9+3=$
- ☐ ㊴ $9+4=$
- ☐ ㊵ $9+5=$
- ☐ ㊶ $9+6=$
- ☐ ㊷ $9+7=$
- ☐ ㊸ $9+8=$
- ☐ ㊹ $9+9=$

できた もんだいには チェック ☑ を つけよう。
まちがえた もんだいは くりかえし やって、
「くり上がり マスター」を めざそう!

月　日　名まえ

トライ　いちごが 13こ ありました。あさ、8こ たべました。
のこりは なんこに なりましたか。

しき

こたえ □ こ

たべたという ことは、かずは へったんだね。
つまり ひきざんを つかうんだよ！

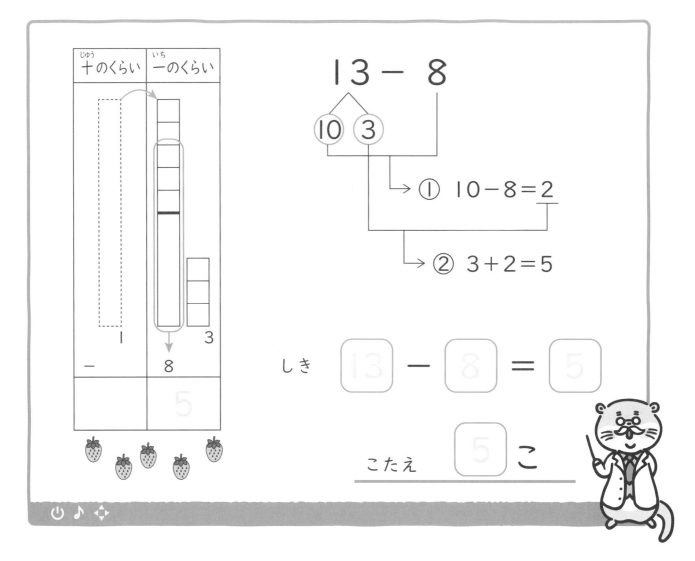

1 みかんが 12こ、りんごが 8こ あります。
どちらが なんこ おおいですか。

しき

こたえ

2 バスに おきゃくさんが 15人（にん） のって いました。
バスていで 6人 おりました。
いまは なん人 のって いますか。

しき

こたえ

3 おにいさんは 14さいです。わたしより 6さい 年上（としうえ）です。
わたしは、なんさいでしょう。

しき

こたえ

ロボたまに **おしえよう！**

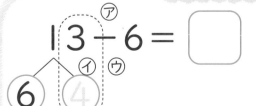

$$13 - 6 = \boxed{}$$

㋐ 3から 6は ひけない

㋑ 10 ひく 6は （　　）

㋒ 3 たす （　　）で （　　）

月　日　名まえ

つぎの けいさんを しましょう。

① 11－2＝

② 11－3＝

③ 11－4＝

④ 11－5＝

⑤ 11－6＝

⑥ 11－7＝

⑦ 11－8＝

⑧ 11－9＝

⑨ 12－3＝

⑩ 12－4＝

⑪ 12－5＝

⑫ 12－6＝

⑬ 12－7＝

⑭ 12－8＝

⑮ 12－9＝

⑯ 13－4＝

⑰ 13－5＝

⑱ 13－6＝

⑲ 13－7＝

⑳ 13－8＝

☐ ㉑ $13 - 9 =$ ☐ ㉜ $16 - 8 =$

☐ ㉒ $14 - 5 =$ ☐ ㉝ $16 - 9 =$

☐ ㉓ $14 - 6 =$ ☐ ㉞ $17 - 8 =$

☐ ㉔ $14 - 7 =$ ☐ ㉟ $17 - 9 =$

☐ ㉕ $14 - 8 =$ ☐ ㊱ $18 - 9 =$

☐ ㉖ $14 - 9 =$ ☐ ㊲ $10 - 1 =$

☐ ㉗ $15 - 6 =$ ☐ ㊳ $10 - 2 =$

☐ ㉘ $15 - 7 =$ ☐ ㊴ $10 - 3 =$

☐ ㉙ $15 - 8 =$ ☐ ㊵ $10 - 4 =$

☐ ㉚ $15 - 9 =$ ☐ ㊶ $10 - 5 =$

☐ ㉛ $16 - 7 =$ ☐ ㊷ $10 - 6 =$

できた もんだいには チェック ☑ を つけよう。
まちがえた もんだいは くりかえし やって、
「くり下がり キング」を めざそう！

9 3つの かずの けいさん

月　　日　　名まえ

1 カエルが 10ぴき あそんで いました。2ひき かえって、それから 5ひき かえりました。
のこった カエルは なんびきですか。

2ひき かえった　　　　5ひき かえった

しき　10 □ 2 □ 5 = □

こたえ _____

2 つぎの けいさんを しましょう。

① $3+4+2=$　　② $8+2+6=$

③ $9-4-3=$　　④ $12-2-5=$

ロボたまに おしえよう！

まえから じゅんばんに けいさんしよう。

2+1+4 ➡ 2+1=（　　）➡ 3+4=（　　）

6-1-2 ➡ 6-1=（　　）➡ 5-2=（　　）

3 バスに ひよこの じょうきゃくが 8わ います。
バスていで 4わ おりて 3わ のって きました。
いまは、なんわ のって いますか。

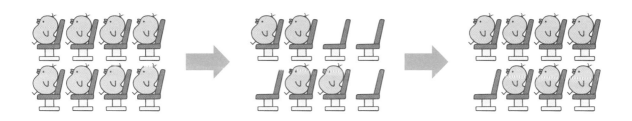

しき 8 ☐ 4 ☐ 3 = ☐

こたえ _____

4 つぎの けいさんを しましょう。

① 9＋1－6＝

② 7＋3－4＝

③ 7－6＋5＝

④ 10－7＋6＝

⑤ 5＋5－3＝

⑥ 14－4＋2＝

ロボたまに おしえよう！

1つずつ じゅんばんに けいさんしよう。

7＋1－6＝（　　）
　└①┘
　└──②──┘

① 7＋1＝（　　）
② （　　）－6＝（　　）

⑩ 100までの かず、100より 大きな かず

1 ぼうの かずだけ ブロックを ぬって、□に すうじを かきましょう。

①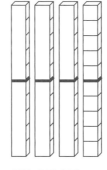

十の くらい	一の くらい

②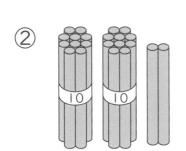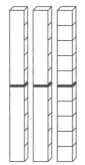

十の くらい	一の くらい

2 いちばん 大きい かずに ○を つけましょう。

① 45 43 41 47
（　）（　）（　）（　）

② 68 64 62 66
（　）（　）（　）（　）

3 いくつとびで ならんで いるかを かんがえます。
□に あてはまる かずを かきましょう。

①

40 — 45 — 50 — □ — 60 — □

②

10 — 20 — □ — 40 — □ — 60

99より 1 大きい かずを
100（ひゃく、百）と いいます。
100は 10を 10こ あつめた かずです。

10の タイルが 10本

4 □に あてはまる かずを かきましょう。

① 80 — 90 — □ — 110 — □ — 130

② 100 — 102 — □ — 106 — □ — □

③ 120 — □ — □ — 126 — □ — □

5 □に あてはまる かずを かきましょう。

① 100より 10大きい かずは □

② 100より 5 大きい かずは □

③ 100より 30大きい かずは □

④ 120より 5 小さい かずは □

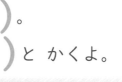
ロボたまに おしえよう！

10が 4こで 40。40と 8で （　　　）。

10が 10こで 百と いい、（　　　　）と かくよ。

⑪ 2けたの たしざん・ひきざん

月　　日　　名まえ

1 かいもので、きのうは 32円、きょうは 20円 つかいました。
ぜんぶで なん円 つかったでしょう。

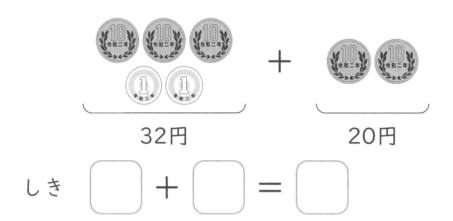

32円　　　　　　　20円

しき 　□ ＋ □ ＝ □

こたえ _____

2 つぎの けいさんを しましょう。

① 16＋3＝　　　　　⑥ 11＋4＝

② 50＋40＝　　　　⑦ 40＋30＝

③ 70＋8＝　　　　　⑧ 7＋20＝

④ 10＋90＝　　　　⑨ 30＋70＝

⑤ 62＋10＝　　　　⑩ 29＋60＝

3 ぼくは 7さいです。はかせは 68さいです。
ぼくと はかせは なんさい ちがうでしょう。

カワちゃん
7さい

コッツはかせ
68さい

しき □ − □ = □

こたえ _____

4 つぎの けいさんを しましょう。

① $16 - 4 =$

② $74 - 4 =$

③ $50 - 40 =$

④ $98 - 90 =$

⑤ $19 - 9 =$

⑥ $41 - 1 =$

⑦ $80 - 50 =$

⑧ $100 - 50 =$

ロボたまに おしえよう！

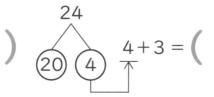

$24 + 3 = ($　　　$)$　　24　　$4 + 3 = ($　　　$)$
　　　　　　　　　　　20　　4

⑫ とけい

今日のやる気度は？
★★★★★

　1じの とき、とけいの **みじかい はり**は 文字ばんの 1を さし、**ながい はり**は 12を さします。
　そこから はりは それぞれの はやさで うごきつづけて、1じかん たって 2じに なると、みじかい はりは 2を さします。ながい はりは 1しゅうして また 12を さします。

⏻ ♪ ✛

---

1 つぎの じかんの とき、みじかい はりが さす ばしょは どこですか。きごうで かきましょう。

① 1じはんの とき

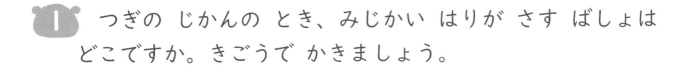

大きく すると

（　　　）

② 7じ48ぷんの とき

大きく する と

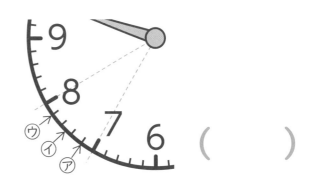

（　　　）

26

2 つぎの とけいが さす じこくを かきましょう。

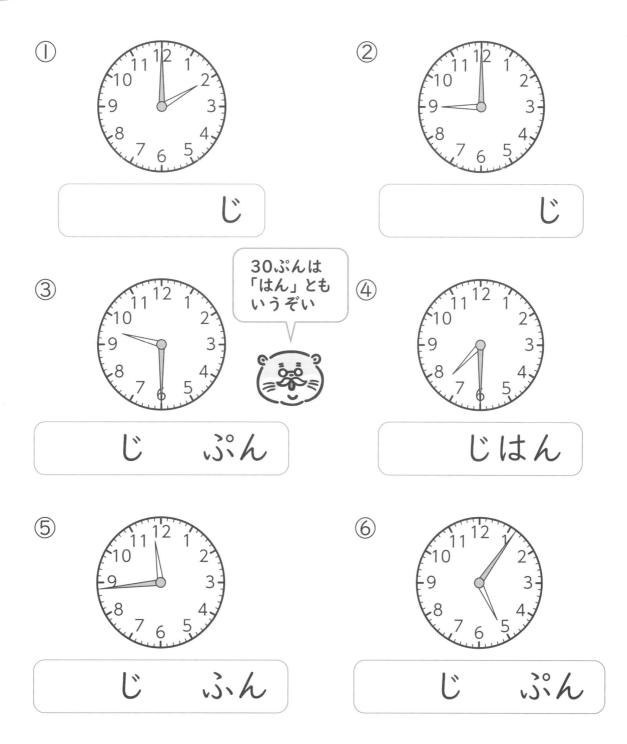

① [　　　] じ

② [　　　] じ

③ [　　　] じ [　　　] ぷん

30ぷんは「はん」とも いうぞい

④ [　　　] じはん

⑤ [　　　] じ [　　　] ふん

⑥ [　　　] じ [　　　] ぷん

27

13 ながさくらべ

月　日　名まえ

1 ながい ほうに ○を つけましょう。

① 木
　⑦　　　　　⑦

（　　）　（　　）

② いもむし
　⑦　　　　　⑦

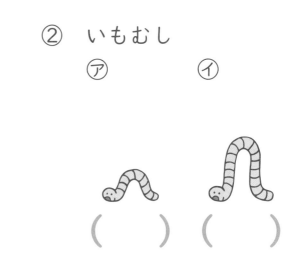

（　　）　（　　）

③ 本

⑦　たて（　　　）

⑦　よこ（　　　）

2 マス目 なんこぶんの ながさですか。

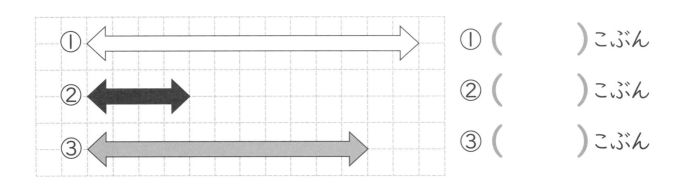

① （　　　）こぶん

② （　　　）こぶん

③ （　　　）こぶん

14 ひろさくらべ

月　　日　　名まえ

1 ひろさの 正^{ただ}しい くらべかたに ○を つけましょう。

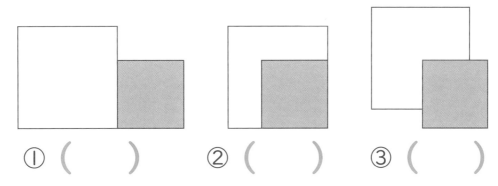

① (　　　)　　② (　　　)　　③ (　　　)

2 いちばん ひろい かたちの ばんごうを かきましょう。

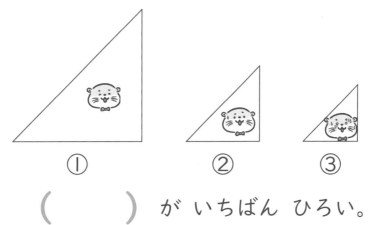

① 　　　 ② 　　　 ③

(　　　　) が いちばん ひろい。

3 ひろい ほうの ばんごうを かきましょう。

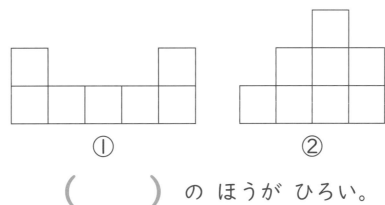

① 　　　　　　　　　②

(　　　　) の ほうが ひろい。

今日のやる気度は？
☆☆☆☆☆

1 水が たくさん 入る ほうの （　）に ○を つけましょう。

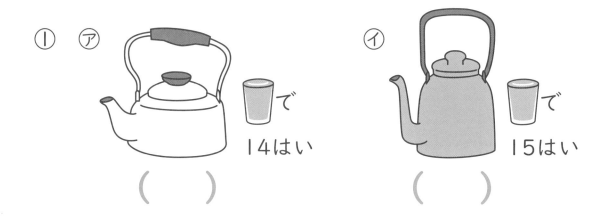

① ⑦ 14はい （　）　　　⑦ 15はい （　）

② ⑦ （　）　　⑦ （　）　　もう1つの コップに うつす →

2 おなじ 大きさの 入れものに 水が 入って います。
おおい じゅんに （　）に すうじを かきましょう。

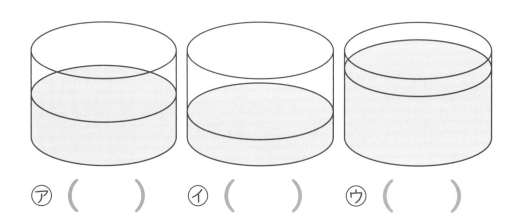

⑦ （　）　　⑦ （　）　　⑦ （　）

16 いろいろな かたち

月　　日　　名まえ

1 やじるしの ほうから 見ると、どんな かたちですか。
（　）に ○を つけましょう。

①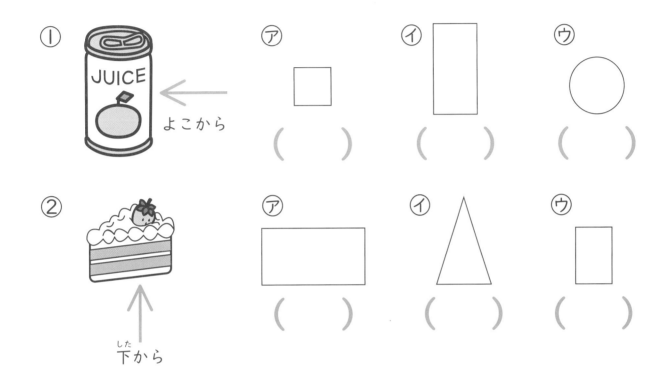

　JUICE
　よこから

　㋐ □　　㋑ ▯　　㋒ ○

　　（　）　　（　）　　（　）

② ケーキ

　下から

　㋐ ▭　　㋑ △　　㋒ ▯

　　（　）　　（　）　　（　）

2 ブロックで マシーンを つくりました。
それぞれの かたちの ブロックを なんこずつ つかって いますか。

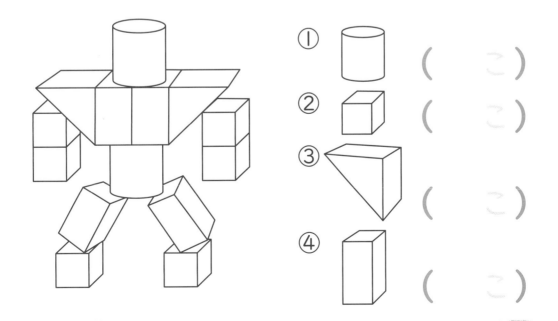

① 　（　　こ）

② 　（　　こ）

③ 　（　　こ）

④ 　（　　こ）

31

さんすう

クロスワード

月　　日　名まえ

つぎの　「カギ」（ヒント）を　手がかりに、クロスワードを　かんせいさせましょう。
こたえは　すべて　ひらがなで　かきます。

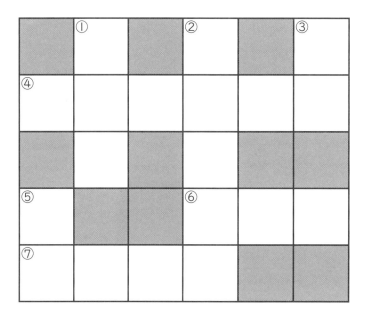

たてのカギ

①  なんじ？

② なんじ？

③　かみや　おさらの　かぞえかたは？

⑤　ねこは　○○から　3ばんめです。

たぬき
ねこ
うさぎ
ぞう

よこのカギ

④　15の　1は　十のくらい。5は？

⑥  なんじ？

⑦　「あわせて」「ふえると」の　けいさんは　なにざん？

32

2年生

ロボたまが
しんかしたよ！

もう 1回
しんかするぞ
この ちょうしで
さいごまで
がんばるのじゃ！

月　日　名まえ

トライ つぎの 計算を ひっ算に して 計算しましょう。

① 24 + 32

$$
\begin{array}{r}
2\,4 \\
+\ 3\,2 \\
\hline
\end{array}
$$

② 6 + 22

$$
+
$$

 数が いっぱいで わからないよ～！

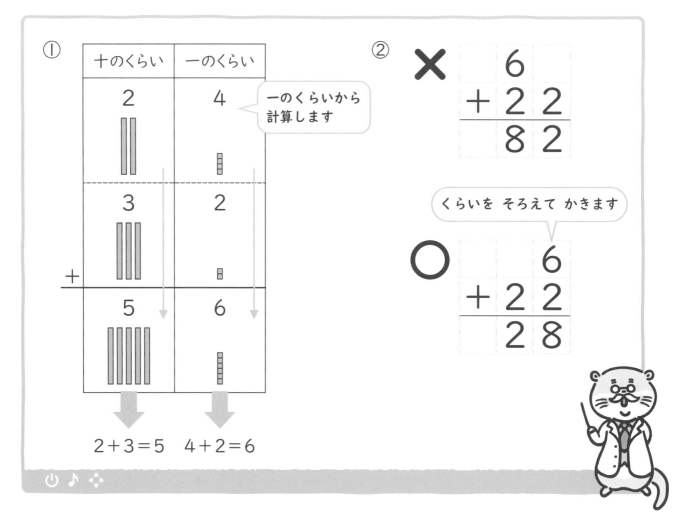

①
十のくらい	一のくらい
2	4
3	2
+	
5	6

一のくらいから 計算します

2+3=5　4+2=6

② ✕
$$
\begin{array}{r}
6 \\
+\ 2\,2 \\
\hline
8\,2
\end{array}
$$

くらいを そろえて かきます

○
$$
\begin{array}{r}
6 \\
+\ 2\,2 \\
\hline
2\,8
\end{array}
$$

1 つぎの 計算を しましょう。

①
```
  8 6
+ 1 2
─────
```

②
```
  7 3
+ 2 1
─────
```

③
```
  6 5
+ 1 3
─────
```

④
```
  2 0
+ 5 9
─────
```

⑤
```
  1 3
+ 8 0
─────
```

⑥
```
  3 0
+ 6 0
─────
```

2 つぎの 計算を ひっ算に して 計算しましょう。

① 46＋23

② 26＋12

③ 23＋60

④ 44＋5

⑤ 2＋70

⑥ 42＋7

ロボたまにおしえよう！

ひっ算は、（　　　　　　）を そろえて かこう。

（　　）のくらいから 計算しよう。

月　　日　　名まえ

 つぎの 計算を しましょう。

7+5=12だから…

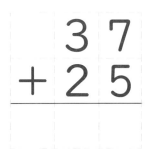

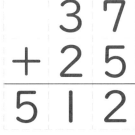

こうかな？

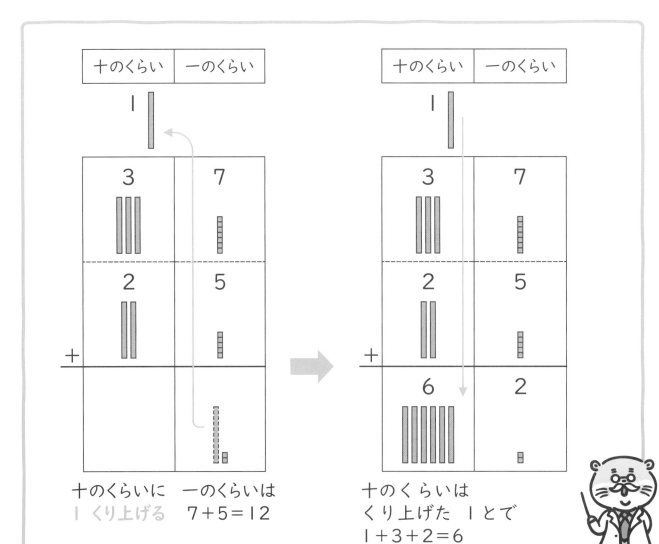

十のくらいに　一のくらいは
１くり上げる　7+5=12

十のくらいは
くり上げた １とで
1+3+2=6

1 つぎの 計算を しましょう。

①
```
  1 7
+ 3 9
─────
```

②
```
  1 6
+ 2 8
─────
```

③
```
  4 1
+ 4 9
─────
```

④
```
  3 6
+ 2 4
─────
```

⑤
```
  4 7
+ 2 5
─────
```

⑥
```
  1 4
+ 6 7
─────
```

2 つぎの 計算を ひっ算に して 計算しましょう。

① 27＋64　　② 18＋75　　③ 43＋48

④ 69＋16　　⑤ 37＋26　　⑥ 19＋58

ロボたまに おしえよう！

一のくらいの 計算の 答えが 10から 上の ときは
十のくらいに （　　　）くり上げよう。

月　　日　　名まえ

トライ　つぎの 計算を ひっ算に して 計算しましょう。

① 37−12

$$\begin{array}{r} 3\ 7 \\ -\ 1\ 2 \\ \hline \end{array}$$

② 84−2

$$\begin{array}{r} \\ - \\ \hline \end{array}$$

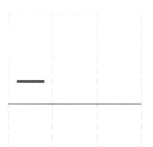

②は 2を 十のくらいに かかないように
気を つけよう！

①

十のくらい	一のくらい
3	7
1	2
2	5

くらいを たてに そろえて かきます。
くらいごとに 計算します。

一のくらい　$7-2=5$

十のくらい　$3-1=2$

1 つぎの 計算を しましょう。

①
```
  4 9
- 2 2
─────
```

②
```
  3 8
- 1 6
─────
```

③
```
  9 7
- 6 4
─────
```

④
```
  5 8
- 3 0
─────
```

⑤
```
  8 4
- 4 0
─────
```

⑥
```
  5 6
-   3
─────
```

2 つぎの 計算を ひっ算に して 計算しましょう。

① 65－52

② 69－64

③ 43－30

④ 57－3

⑤ 37－7

⑥ 94－54

ロボたまに おしえよう!

ひっ算は くらいを (　　　　　) に そろえて かいて、

(　　　　　) ごとに 計算を するよ。

4 2けたの ひき算（くり下がり あり）

月　　日　　名まえ

トライ つぎの 計算を しましょう。

①
$$\begin{array}{r} 3\ 4 \\ -\ 1\ 6 \\ \hline \end{array}$$

②
$$\begin{array}{r} 4\ 3 \\ -\quad 4 \\ \hline \end{array}$$

4－6も 3－4も できないよ？

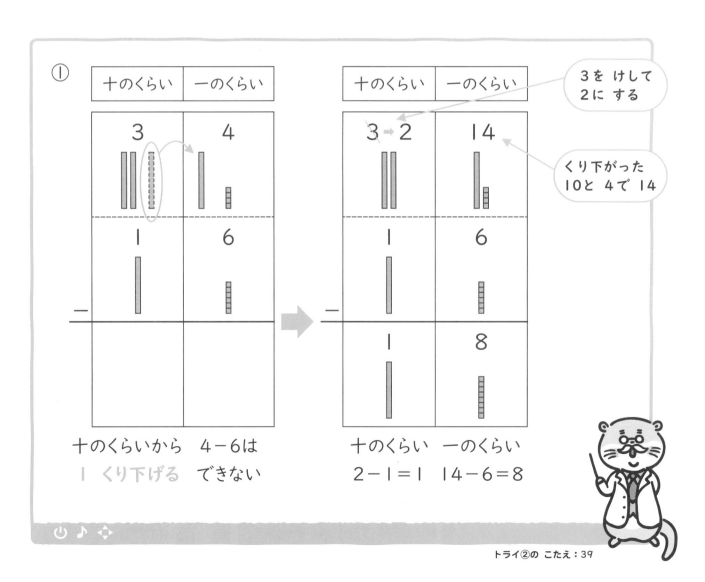

①

十のくらい	一のくらい
3	4
1	6

十のくらいから　4－6は
1 くり下げる　できない

十のくらい	一のくらい
3→2	14
1	6
1	8

3を けして 2に する

くり下がった 10と 4で 14

十のくらい　一のくらい
2－1＝1　14－6＝8

1 つぎの 計算を しましょう。

①
```
  7 1
- 4 7
```

②
```
  4 0
- 1 4
```

③
```
  9 7
- 6 8
```

④
```
  8 2
- 3 9
```

⑤
```
  5 7
-   9
```

⑥
```
  9 0
-   2
```

2 つぎの 計算を ひっ算に して 計算しましょう。

① 96－59

② 35－17

③ 65－28

④ 40－27

⑤ 76－8

⑥ 30－3

5 1000までの 数、10000までの 数

トライ　□に あてはまる 数を かきましょう。

①　100が 10こで　□　です。

②　1000は 100が　□　こ分です。

★1000の 数の 大きさ

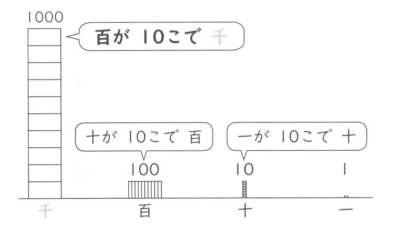

1000

百が 10こで 千

十が 10こで 百　　一が 10こで 十

100　　　　　10　　　　　1

千　　　　　百　　　　　十　　　　　一

★10000の 数の 大きさ

千が 10こで 万　　百が 10こで 千

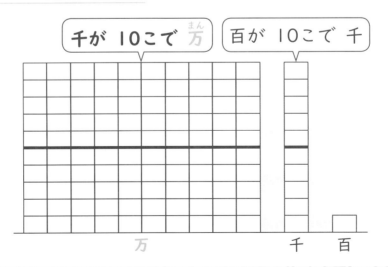

万　　　　　千　　百

トライの こたえ：① 1000　② 10

1 つぎの 線の □ に あてはまる 数を かきましょう。

①

0　100　㋐　300　400　㋑　㋒　700

②

735　㋓　㋔　750　㋕　㋖　765

2 つぎの 数を 数字で かきましょう。

① 100を 2こ、10を 8こ、
1を 5こ あわせた 数。

② 100を 9こ、10を 2こ
あわせた 数。

③ 1000を 6こ、100を 5こ、
10を 2こ あわせた 数。

④ 1000を 9こ、1を 7こ
あわせた 数。

⑤ 8599より 1 大きい 数。　(　　　　　)

⑥ 10000より 10 小さい 数。　(　　　　　)

ボたまに おしえよう！

百を 10こ あつめた 数 ➡ (　　　) ＝1000

千を 10こ あつめた 数 ➡ (　　　) ＝10000

6 2けた＋2けた＝3けた

月　　日　　名まえ

トライ つぎの 計算を しましょう。

①
```
   6 3
 + 8 2
```

②
```
   7 5
 + 4 8
```

一のくらいにも
十のくらいにも
くり上がりが あるよ！

はて？

十のくらいが くり上がるのかな？
くり上がった 数は どこに かけば いいんだろう

①

十のくらいの くり上がりも
一のくらいと 同じように
つぎの くらいに
くり上がります。

十のくらい	一のくらい
6	3
8	2
4	5

+

1 | （百のくらい）

10

6＋8＝14

14の 1が 百のくらいに くり上がる

トライ②の こたえ：123

44

1 つぎの 計算を しましょう。

①
```
   2 4
 + 8 4
```

②
```
   2 1
 + 9 3
```

③
```
   7 4
 + 4 2
```

④
```
   8 9
 + 5 6
```

⑤
```
   7 9
 + 3 5
```

⑥
```
   6 9
 + 7 4
```

2 つぎの 計算を ひっ算に して 計算しましょう。

① 42+67

② 32+96

③ 9+73

④ 98+19

⑤ 39+64

⑥ 98+4

ロボたまに おしえよう！

ひっ算で 十のくらいが（　　　）から 上の ときは、
百のくらいに 1 くり上がるよ。

 **7** # 3けた＋2けた

月　　日　　名まえ

今日のやる気度は？
☆☆☆☆☆

トライ つぎの 計算を ひっ算に して 計算しましょう。

① 104＋36

② 434＋58

＋

104！　434!?
数が 大きすぎて どうしたら いいか わからないよ～！

①

百のくらい	十のくらい	一のくらい
1	0	4
＋	3	6
1	4	0

4＋6＝10

1＋0＋3＝4

くり下がり

※
```
  1 0 4
＋  3 6
```
と

かかないように します。

数が 大きく なっても
2けたどうしの ときと
計算の しかたは
かわりません。

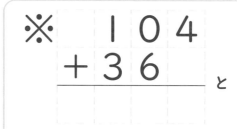

トライ②の こたえ：492

1 つぎの 計算を しましょう。

①
```
   5 5 2
 +   3 7
```

②
```
   2 2 6
 +   4 2
```

③
```
   3 1 5
 +   7 6
```

④
```
   4 5 3
 +   1 9
```

2 つぎの 計算を ひっ算に して 計算しましょう。

① 577＋18

② 266＋24

③ 875＋18

④ 562＋29

ロボたまに おしえよう！

数が 大きく なっても、くらいを（　　　　　　）、
（　　　）のくらいから 計算しよう！

8 3けた－2けた①

今日のやる気度は？
☆☆☆☆☆

 つぎの 計算を ひっ算に して 計算しましょう。

① 132－45

② 183－24

2けた－2けたと 同じように 計算できないかな？

---

① 一のくらいの 計算　　　十のくらいの 計算　　　十のくらいの 計算

```
  1 3 2        1 3 2        1 3 2
－   4 5   →  －   4 5   →  －   4 5
              ─────        ─────
                    7          8 7
```

十のくらいから　　　　百のくらいから　　　　10と 2で 12
1 くり下げる　　　　　1 くり下げる　　　　　12－4＝8
10と 2で 12
12－5＝7

トライ②の こたえ：159

1 つぎの 計算を しましょう。

①
```
   1 6 6
 −   9 2
```

②
```
   1 3 7
 −   9 6
```

③
```
   1 3 2
 −   8 5
```

④
```
   1 4 2
 −   7 9
```

2 つぎの 計算を ひっ算に して 計算しましょう。

① 177−92

② 138−77

③ 156−68

④ 170−86

9 ## 3けた－2けた②

月　　日　　名まえ

トライ つぎの 計算を ひっ算に して 計算しましょう。

① 105－58

② 107－29

 一のくらいが 5－8に なっちゃうから
十のくらいから 1 くり下げたいけど… あれれ？
0だから くり下げられないや！

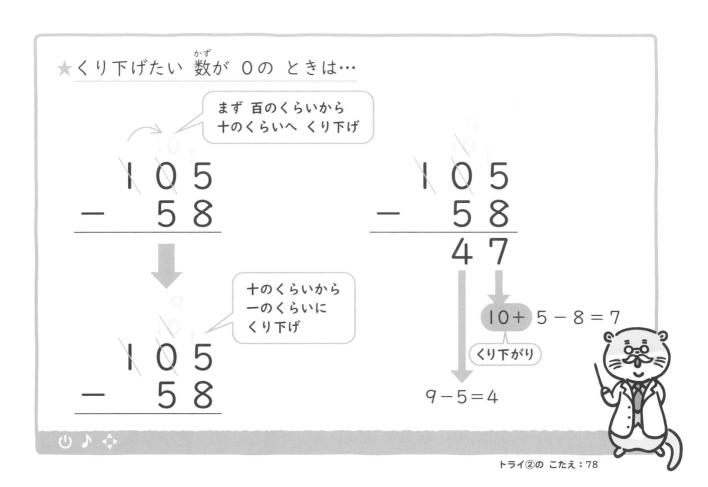

★くり下げたい 数が 0の ときは…

まず 百のくらいから
十のくらいへ くり下げ

```
  1 0 5
－  5 8
```

十のくらいから
一のくらいに
くり下げ

```
  1 0 5
－  5 8
```

```
  1 0 5
－  5 8
─────
    4 7
```

10＋5－8＝7
くり下がり

9－5＝4

1 つぎの 計算を しましょう。

①
$$\begin{array}{r} 1\,0\,1 \\ -\ \ 7\,3 \\ \hline \end{array}$$

②
$$\begin{array}{r} 1\,0\,3 \\ -\ \ 3\,6 \\ \hline \end{array}$$

③
$$\begin{array}{r} 1\,0\,0 \\ -\ \ \ \ 8 \\ \hline \end{array}$$

④
$$\begin{array}{r} 1\,0\,6 \\ -\ \ \ \ 9 \\ \hline \end{array}$$

2 つぎの 計算を ひっ算に して 計算しましょう。

① 102−25

② 108−89

③ 105−16

④ 104−36

ロボたまに**おしえよう！**

十のくらいが 0の ときは、

（　　　）のくらいから くり下げようね。

かけ算の しくみと 九九

月　　日　　名まえ

トライ おさらに のって いる りんごは いくつですか。

 いち、に、さん…、…、…、…、18こだ！
でも、数えるのに 時間が かかっちゃった…

★かけ算の 考え方

 りんごが 2つずつ のった おさらが 9まい

$$2_{(こ)} \times 9_{(まい)} = 18_{(こ)}$$

おさら1まい　　　おさらいくつ分　　　ぜんぶの
あたりの数　　　　　　　　　　　　　りんごの数

　2の 9つ分の ことを しきで 上のように かき、
「2かける9」と 読みます。
このような 計算を かけ算 と いいます。

九九を なぞって となえて おぼえましょう。

5のだん   2のだん

さくら 1つには 花びらが 5まい　　自てん車 1台には タイヤが 2つ

1あたりの数	いくつ分	ぜんぶの数		1あたりの数	いくつ分	ぜんぶの数

ご　　　いち　が　ご
5 × 1 = 5

ご　　　に　　　じゅう
5 × 2 = 10

ご　　　さん　　じゅうご
5 × 3 = 15

ご　　　し　　　にじゅう
5 × 4 = 20

ご　　　ご　　　にじゅうご
5 × 5 = 25

ご　　　ろく　　さんじゅう
5 × 6 = 30

ご　　　しち　　さんじゅうご
5 × 7 = 35

ご　　　は　　　しじゅう
5 × 8 = 40

ごっ　　く　　　しじゅうご
5 × 9 = 45

に　　　いち　が　に
2 × 1 = 2

に　　　にん　が　し
2 × 2 = 4

に　　　さん　が　ろく
2 × 3 = 6

に　　　し　　が　はち
2 × 4 = 8

に　　　ご　　　じゅう
2 × 5 = 10

に　　　ろく　　じゅうに
2 × 6 = 12

に　　　しち　　じゅうし
2 × 7 = 14

に　　　はち　　じゅうろく
2 × 8 = 16

に　　　く　　　じゅうはち
2 × 9 = 18

九九を なぞって となえて おぼえましょう。

 3のだん 　　 **4のだん**

くしだんごには だんごが 3こ　　　　　よつばの クローバーは はが 4まい

1あたりの数	いくつ分	ぜんぶの数

1あたりの数	いくつ分	ぜんぶの数

さん　　　いち　が　さん
3 × 1 = 3

さん　　　　に　が　ろく
3 × 2 = 6

さ　　　ざん　が　く
3 × 3 = 9

さん　　　し　　じゅうに
3 × 4 = 12

さん　　　ご　　　じゅうご
3 × 5 = 15

さぶ　　　ろく　　じゅうはち
3 × 6 = 18

さん　　　しち　　にじゅういち
3 × 7 = 21

さん　　　ぱ　　にじゅうし
3 × 8 = 24

さん　　　く　　にじゅうしち
3 × 9 = 27

し　　　いち　が　し
4 × 1 = 4

し　　　　に　が　はち
4 × 2 = 8

し　　　さん　　じゅうに
4 × 3 = 12

し　　　　し　　じゅうろく
4 × 4 = 16

し　　　ご　　　にじゅう
4 × 5 = 20

し　　　ろく　　にじゅうし
4 × 6 = 24

し　　　しち　　にじゅうはち
4 × 7 = 28

し　　　は　　さんじゅうに
4 × 8 = 32

し　　　く　　さんじゅうろく
4 × 9 = 36

九九を なぞって となえて おぼえましょう。

 6のだん 　 **7のだん**

クワガタ 1ぴきには あしが 6本　　テントウムシ 1ぴきには もようが 7こ

1あたりの数	いくつ分	ぜんぶの数

1あたりの数	いくつ分	ぜんぶの数

ろく　　　いち　が　ろく　　　　　しち　　　いち　が　しち

6 × 1 = 6　　　　　　　　7 × 1 = 7

ろく　　　に　　　じゅうに　　　　しち　　　に　　　じゅうし

6 × 2 = 12　　　　　　　　7 × 2 = 14

ろく　　　さん　　じゅうはち　　　しち　　　さん　　にじゅういち

6 × 3 = 18　　　　　　　　7 × 3 = 21

ろく　　　し　　　にじゅうし　　　しち　　　し　　　にじゅうはち

6 × 4 = 24　　　　　　　　7 × 4 = 28

ろく　　　ご　　　さんじゅう　　　しち　　　ご　　　さんじゅうご

6 × 5 = 30　　　　　　　　7 × 5 = 35

ろく　　　ろく　　さんじゅうろく　しち　　　ろく　　しじゅうに

6 × 6 = 36　　　　　　　　7 × 6 = 42

ろく　　　しち　　しじゅうに　　　しち　　　しち　　しじゅうく

6 × 7 = 42　　　　　　　　7 × 7 = 49

ろく　　　は　　　しじゅうはち　　しち　　　は　　　ごじゅうろく

6 × 8 = 48　　　　　　　　7 × 8 = 56

ろっ　　　く　　　ごじゅうし　　　しち　　　く　　　ろくじゅうさん

6 × 9 = 54　　　　　　　　7 × 9 = 63

九九を なぞって となえて おぼえましょう。

 8のだん 　 **9のだん**

たこ １ぴきに あしは 8本　　　野きゅうチーム １つには せん手が 9人

１あたりの数	いくつ分	ぜんぶの数		１あたりの数	いくつ分	ぜんぶの数

はち　　いち　が　はち　　　　　　く　　いち　が　く
8 × 1 ＝ 8　　　　　　　　　9 × 1 ＝ 9

はち　　　に　　じゅうろく　　　　く　　　に　　じゅうはち
8 × 2 ＝ 16　　　　　　　　9 × 2 ＝ 18

はち　　さん　　にじゅうし　　　　く　　さん　　にじゅうしち
8 × 3 ＝ 24　　　　　　　　9 × 3 ＝ 27

はち　　し　　さんじゅうに　　　　く　　し　　さんじゅうろく
8 × 4 ＝ 32　　　　　　　　9 × 4 ＝ 36

はち　　ご　　しじゅう　　　　　　く　　ご　　しじゅうご
8 × 5 ＝ 40　　　　　　　　9 × 5 ＝ 45

はち　　ろく　　しじゅうはち　　　く　　ろく　　ごじゅうし
8 × 6 ＝ 48　　　　　　　　9 × 6 ＝ 54

はち　　しち　　ごじゅうろく　　　く　　しち　　ろくじゅうさん
8 × 7 ＝ 56　　　　　　　　9 × 7 ＝ 63

はっ　　ぱ　　ろくじゅうし　　　　く　　は　　しちじゅうに
8 × 8 ＝ 64　　　　　　　　9 × 8 ＝ 72

はっ　　く　　しちじゅうに　　　　く　　く　　はちじゅういち
8 × 9 ＝ 72　　　　　　　　9 × 9 ＝ 81

九九を なぞって となえて おぼえましょう。

1のだん

目玉やき 1つには 黄_きみが 1つ

1あたりの数	いくつ分	ぜんぶの数

いん　　いち　が　いち
1 × 1 = 1

いん　　ろく　が　ろく
1 × 6 = 6

いん　　に　が　に
1 × 2 = 2

いん　　しち　が　しち
1 × 7 = 7

いん　　さん　が　さん
1 × 3 = 3

いん　　はち　が　はち
1 × 8 = 8

いん　　し　が　し
1 × 4 = 4

いん　　く　が　く
1 × 9 = 9

いん　　ご　が　ご
1 × 5 = 5

★九九 まめちしき

○九九は、むかし 中国_{ちゅうごく}から つたわった 計算_{けいさん}の やり方_{かた}です。
　むかしの 中国では、「九九八十一_{く く はちじゅういち}」から はじまり、「一一_{いんいち}が一_{いち}」で
　おわって いました。
　このために 「九九」という 名前_{なまえ}が つけられました。

○「いんいちがいち」「にしがはち」「さざんがく」など、
　答_{こた}えが 10を こえると 「が」は つかなく なります。

今日のやる気度は？
☆☆☆☆☆

7のだん、8のだん、9のだんは とくに おぼえにくいぞ。
ここで たくさん れんしゅう するのじゃ！

つぎの 計算を しましょう。

① 9×9 =

② 8×1 =

③ 7×7 =

④ 8×8 =

⑤ 9×2 =

⑥ 9×1 =

⑦ 8×6 =

⑧ 7×4 =

⑨ 8×7 =

⑩ 8×2 =

⑪ 7×8 =

⑫ 7×2 =

⑬ 9×8 =

⑭ 8×4 =

2 つぎの 計算を しましょう。

① $8 \times 3 =$ ⬜

② $9 \times 8 =$ ⬜

③ $9 \times 4 =$ ⬜

④ $7 \times 6 =$ ⬜

⑤ $7 \times 1 =$ ⬜

⑥ $9 \times 3 =$ ⬜

⑦ $8 \times 9 =$ ⬜

⑧ $8 \times 6 =$ ⬜

⑨ $8 \times 5 =$ ⬜

⑩ $9 \times 7 =$ ⬜

⑪ $7 \times 3 =$ ⬜

⑫ $9 \times 6 =$ ⬜

⑬ $9 \times 5 =$ ⬜

⑭ $7 \times 9 =$ ⬜

⑮ $8 \times 4 =$ ⬜

⑯ $7 \times 5 =$ ⬜

⑰ $7 \times 7 =$ ⬜

⑱ $9 \times 8 =$ ⬜

おぼえにくい 九九は ごろあわせで おぼえても いいね。
ぼくは 8×6=48を ハム シワシワって おぼえたよ！

月　　日　　名まえ

つぎの 計算を しましょう。

① 9×2＝

② 6×7＝

③ 7×8＝

④ 3×8＝

⑤ 5×6＝

⑥ 8×3＝

⑦ 4×7＝

⑧ 7×3＝

⑨ 9×8＝

⑩ 2×6＝

⑪ 8×8＝

⑫ 6×5＝

⑬ 8×9＝

⑭ 5×7＝

⑮ 7×2＝

⑯ 9×9＝

⑰ 3×9＝

⑱ 7×9＝

⑲ 6×6＝

⑳ 5×5＝

㉑ 8×2＝

㉒ 9×3＝

㉓ 2×5＝

㉔ 4×6＝

㉕ $9 \times 7 =$

㉖ $6 \times 9 =$

㉗ $7 \times 5 =$

㉘ $4 \times 9 =$

㉙ $8 \times 4 =$

㉚ $3 \times 7 =$

㉛ $4 \times 4 =$

㉜ $5 \times 9 =$

㉝ $7 \times 6 =$

㉞ $9 \times 4 =$

㉟ $3 \times 5 =$

㊱ $8 \times 7 =$

㊲ $2 \times 8 =$

㊳ $2 \times 9 =$

㊴ $7 \times 4 =$

㊵ $9 \times 6 =$

㊶ $8 \times 5 =$

㊷ $4 \times 8 =$

㊸ $6 \times 8 =$

㊹ $3 \times 6 =$

㊺ $7 \times 7 =$

㊻ $2 \times 7 =$

㊼ $9 \times 5 =$

㊽ $8 \times 6 =$

㊾ $5 \times 8 =$

㊿ $4 \times 5 =$

おつかれさま！

⑬ 九九の マス計算

月　　日　　名まえ

今日のやる気度は？
☆☆☆☆☆

 つぎの マス計算は、かける 数を 1から じゅんに ならべずに、ばらばらに して おる。となえながら くりかえし 計算する ことで 計算が はやく なるんじゃぞ！

1 つぎの マス計算を しましょう。

①

かけられる 数 ＼ かける 数		2	4	1	6	3	8	5	7	9
1のだん	1	2					8			

1×2　　　1×8

②

かけられる 数 ＼ かける 数		7	5	8	6	1	9	4	3	2
2のだん	2									

③

かけられる 数 ＼ かける 数		4	1	9	2	3	5	8	7	6
3のだん	3									

④

かけられる 数 ＼ かける 数		8	1	4	2	9	3	6	5	7
4のだん	4									

2 つぎの マス計算を しましょう。

①

かけられる 数＼かける 数		5	3	6	4	1	7	2	8	9
5のだん	5									

②

かけられる 数＼かける 数		8	1	9	7	2	6	3	5	4
6のだん	6									

③

かけられる 数＼かける 数		4	5	1	6	9	8	2	7	3
7のだん	7									

④

かけられる 数＼かける 数		6	5	9	1	8	2	7	4	3
8のだん	8									

⑤

かけられる 数＼かける 数		4	1	5	2	3	6	9	8	7
9のだん	9									

ハヤク 計算デキルヨウニ ナリマシタカ？

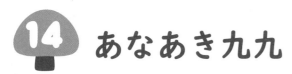 14 あなあき九九

月　　日　　名まえ

 今日のやる気度は？
☆☆☆☆☆

 □に あてはまる 数を かきましょう。

① 7× □ =42

② 8× □ =56

③ 6× □ =42

④ 7× □ =56

⑤ 2× □ =8

⑥ 5× □ =35

⑦ 8× □ =8

⑧ 6× □ =36

⑨ 9× □ =45

⑩ 2× □ =4

⑪ 6× □ =24

⑫ 9× □ =9

⑬ 5× □ =5

⑭ 6× □ =48

⑮ 2× □ =12

⑯ 4× □ =12

⑰ 7× □ =35

⑱ 3× □ =18

⑲ 7× □ =21

⑳ 4× □ =36

㉑ 9× □ =18

㉒ 3× □ =15

㉓ 4× □ =4

㉔ 2× □ =16

㉕ $4 \times \boxed{} = 28$　　㊳ $5 \times \boxed{} = 10$

㉖ $9 \times \boxed{} = 63$　　㊴ $6 \times \boxed{} = 54$

㉗ $3 \times \boxed{} = 24$　　㊵ $3 \times \boxed{} = 6$

㉘ $5 \times \boxed{} = 15$　　㊶ $7 \times \boxed{} = 63$

㉙ $9 \times \boxed{} = 72$　　㊷ $7 \times \boxed{} = 7$

㉚ $7 \times \boxed{} = 28$　　㊸ $1 \times \boxed{} = 1$

㉛ $8 \times \boxed{} = 48$　　㊹ $8 \times \boxed{} = 16$

㉜ $2 \times \boxed{} = 10$　　㊺ $4 \times \boxed{} = 20$

㉝ $5 \times \boxed{} = 45$　　㊻ $5 \times \boxed{} = 40$

㉞ $7 \times \boxed{} = 49$　　㊼ $1 \times \boxed{} = 4$

㉟ $1 \times \boxed{} = 9$　　㊽ $6 \times \boxed{} = 30$

㊱ $9 \times \boxed{} = 54$　　㊾ $3 \times \boxed{} = 27$

㊲ $3 \times \boxed{} = 3$　　㊿ $9 \times \boxed{} = 27$

ちょっと むずかしい もんだいだったよ。
よく がんばったね！すごい！

15 たし算・ひき算の 文しょうだい

月　日　名まえ

1 1組の 人数は、46人です。2組は、35人 います。
1組と 2組を あわせると 何人ですか。

↓ここで ひっ算を
つかって 計算しよう!

しき

答え

2 52円の チョコレートと 28円の クッキーが あります。
あわせて 何円ですか。

しき

答え

3 チューリップが さいて います。赤が 26本、白が
47本です。
あわせて 何本 さいて いますか。

しき

答え

66

4 クラスで 玉入れを しました。赤玉は 94こ、白玉は 79こ 入りました。

どちらが 何こ 多く 入りましたか。

しき

答え _____

5 50まいの 紙を じゅんびしました。24まい つかいました。
紙の のこりは 何まいですか。

しき

答え _____

6 あみさんの さいふには 72円 入って います。
15円の リボンを 買うと お金は いくら のこりますか。

しき

答え _____

ロボたまに おしえよう！

1 「あわせると いくらですか。」は （　　　　　）算。
6 「いくら のこりますか。」は （　　　　　）算。

月　　日　名まえ

トライ 4人のりの スポーツカーが 3台 あります。
ぜんぶで 何人 のれますか。

しき ☐ × ☐ = ☐

答え ☐ 人

 はて？

しきは 4×3 かな？　3×4 かな…？

スポーツカー 1台に 4人ずつ のれます。
スポーツカーは 3台だから、ぜんぶで 12人 のれます。

しき 4 × 3 = 12

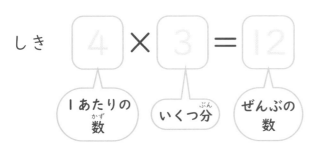

1あたりの数　いくつ分　ぜんぶの数

答え 12 人

1 1週間は 7日です。 5週間は 何日ですか。

しき

答え _____

2 1はこに 6さつ 本が 入る はこが 8はこ あります。
本は ぜんぶで 何さつ 入りますか。

しき

答え _____

3 5まいの おさらに ケーキを のせます。 1まいに 3こずつ
ケーキを のせると、ケーキは ぜんぶで 何こに なりますか。

しき

答え _____

ロボたまにおしえよう！

「～は 何こに なりますか。」と きかれたら、
答えは 数字だけじゃなく（　　　）も かこう。

時こくと 時間

今日のやる気度は？

トライ （　）に あてはまる 数を かきましょう。

① はるとさんが 学校に むかって 家を
　出た 時こくは （　　　　）時です。

② 家を 出てから 学校に つくまでに
　かかった 時間は （　　　　）分間です。

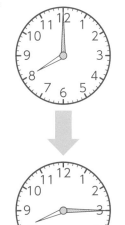

 はて？

時こくと 時間って どう ちがうの？

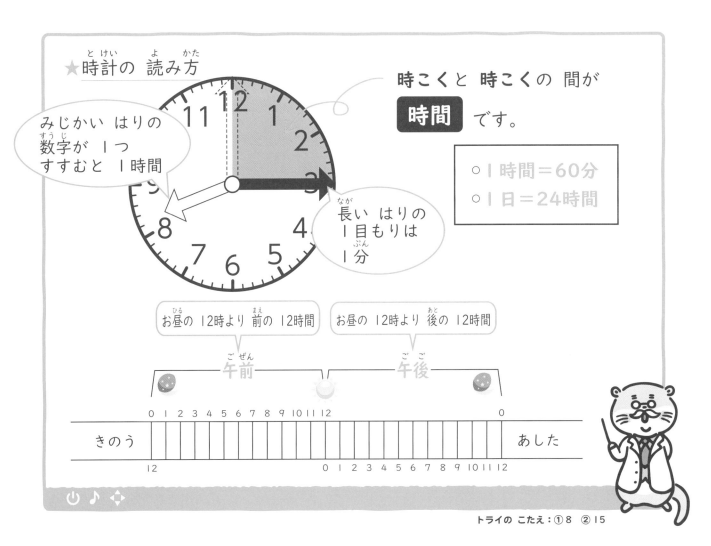

★時計の 読み方

みじかい はりの
数字が 1つ
すすむと 1時間

長い はりの
1目もりは
1分

時こくと 時こくの 間が
時間 です。

○1時間＝60分
○1日＝24時間

お昼の 12時より 前の 12時間　　お昼の 12時より 後の 12時間

午前　　　午後

きのう　　　あした

0 1 2 3 4 5 6 7 8 9 10 11 12　　　　0
12　　　　0 1 2 3 4 5 6 7 8 9 10 11 12

トライの こたえ：①8　②15

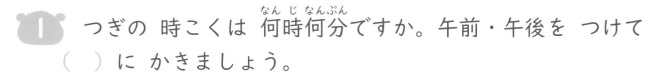

1 つぎの 時こくは 何時何分ですか。午前・午後を つけて
（　）に かきましょう。

① 朝 　② 夜

（　　　　時　　　分）　（　　　　時　　　分）

2 つぎの 時間を かきましょう。

① 午後９時から
　午後１１時まで

（　　　　　　　　）

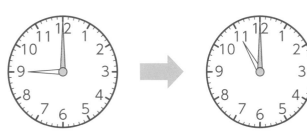

② 午前６時から
　午後６時40分まで

（　　　　　　　　）

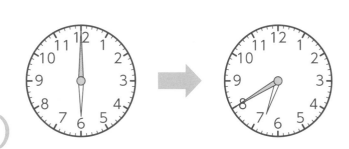

3 今、午後２時50分です。つぎの 時こくを かきましょう。

① 30分後の 時こく （　　　　　　　）

② 50分前の 時こく （　　　　　　　）

ロボたまに おしえよう！

長い はりが １目もり すすむ 時間は（　　）分

60分＝（　　　）時間　　24時間＝（　　）日

71

18 長さ（mm、cm）

月　　日　　名まえ

トライ ものさしの 左はしから ①②までの 長さを かきましょう。

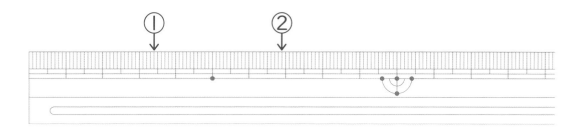

① （　　cm　　　mm）　　　② （　　cm　　　mm）

何て かけば いいのかな？

★ 長さの たんい

ものさしの 大きな 目もりの 1つ分は、
1センチメートルと いい、1cmと かきます。
これを 10に 分けた 小さい 目もり 1つ分を
1ミリメートルと いい、1mmと かきます。
1cm＝10mmです。

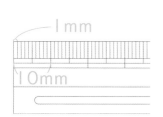
1mm
10mm

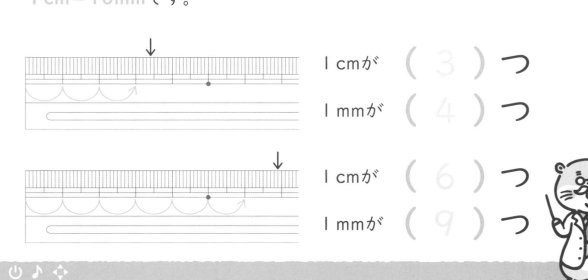

1cmが （ 3 ）つ
1mmが （ 4 ）つ

1cmが （ 6 ）つ
1mmが （ 9 ）つ

トライの こたえ：① 3cm4mm　② 6cm9mm

1 つぎの どの はかりかたが 正しいですか。
正しい 番ごうを（　）に かきましょう。

① (はかるところ)　　　②　　　　　　　③

（　　　）

2 つぎの テープの 長さを はかって（　）に かきましょう。

①　　　　　　　　　　　　　　②

（　　　　　　　　）　　　　　（　　　　　　　　）

③　　　　　　　　　　　　　（　　　　　　　　）

3 つぎの 長さの たんいを かえて、かきましょう。

① 8cm ＝ ☐ mm

② 90mm ＝ ☐ cm

③ 47mm ＝ ☐ cm ☐ mm

④ 8cm 1mm ＝ ☐ mm

4 つぎの 計算を しましょう。

① 5cm ＋ 4cm ＝

② 6cm 7mm － 5cm 2mm ＝

□ボたまにおしえよう！

10mm ＝（　　　）cm だね。

19 長い ものの 長さ（m）

トライ （　　）に 長さの たんいを かきましょう。

① プールの ふかさ

1（　　　）

② 黒ばんの よこの 長さ

4（　　　）

 30cmものさしが たくさん ひつようだね。
もっと はかりやすく できないかな？

　長い ものを はかる ときには、mmや cmよりも 大きい
m（メートル）の たんいを つかいます。
　1mは、1cmを 100こ あつめた 長さで 1m＝100cmです。

```
|←――――――― 1m（1メートル）―――――――→|
```

1cm

m（メートル）を かく れんしゅうを しましょう。

m　m　m　m　　1m＝100cm

└→ まっすぐ かきます。
　　*m*とは かきません。

1 ☐に あてはまる 数を かきましょう。

① 1m = ☐ cm　② 200cm = ☐ m

③ 5m40cm = ☐ cm

④ 3m9cm = ☐ cm

2 てつぼうの はばの 長さを かきましょう。

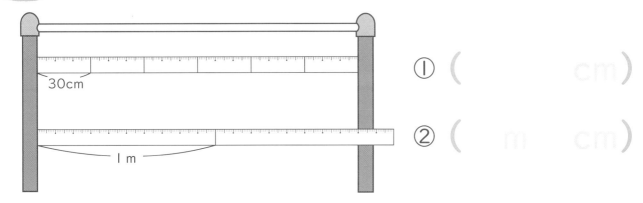

30cm

1m

① (　　　cm)

② (　　m　　cm)

3 つぎの 長さの 計算を しましょう。

① 13m + 5m = ☐ m

② 19m - 11m = ☐ m

③ 5m40cm + 4m = ☐ m ☐ cm

④ 9m80cm - 3m50m = ☐ m ☐ cm

ロボたまに おしえよう！

1cm = (　　　) mm

1m = (　　　) cm

三角形と 四角形

月　　日　　名まえ

 三角形

3本の 直線で
かこまれた 形

 **四角形**

4本の 直線で
かこまれた 形

直線の ところ

へん

ちょう点

かどの 点

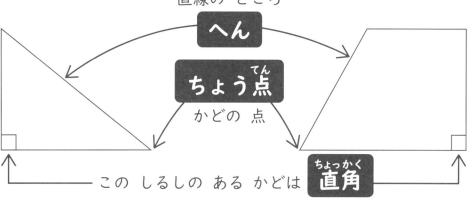

この しるしの ある かどは **直角**

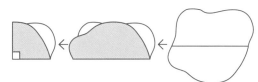 ◀直角は、左のように 紙を 2回
おって できる かどの 形です。

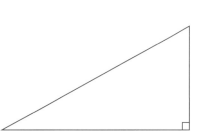

直角三角形

直角の かどが ある 三角形

 長方形

4つのかど ぜんぶが
直角の 四角形

正方形

4つのかど ぜんぶが 直角で、
4つの へんの 長さが ぜんぶ
同じの 四角形

1 つぎの 図形の 名前を □ から えらんで かきましょう。

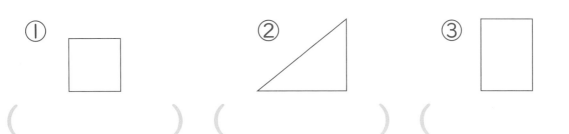

① （　　　　　） ② （　　　　　） ③ （　　　　　）

長方形　正方形　直角三角形

2 つぎの 図形を ①と ②に 分けて 記ごうを かきましょう。

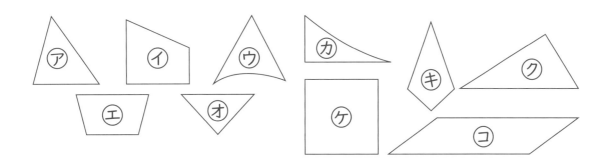

① 三角形 （　　　　　　　　　　　　）

② 四角形 （　　　　　　　　　　　　）

◎ポたまにおしえよう！

（　　　　　）が 4つとも （　　　　　）なのは 長方形。

（　　　　　）が 4つとも （　　　　　）で、

4つの （　　　　　）の 長さが ぜんぶ 同じなのは
正方形。

21 水の かさ

月　　日　　名まえ

★水の かさの はかり方

　水などの かさを はかるには
リットルますを つかいます。
リットルます 1ぱい分を
1L（1リットル）と いいます。

　リットルより 小さな かさを はかる
たんいに、デシリットルが あります。
1リットルを 10こに 分けた 1つ分を
1dL（1デシリットル）と いいます。
1Lは 10dLです。

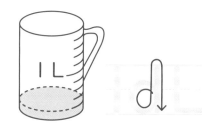

　デシリットルより 小さな かさを
はかる たんいに、mL（ミリリットル）
が あります。1デシリットルを 10こに
分けた 1つ分が 10ミリリットルで、
10mLと いいます。
　1dLは 100mLで、1Lは 1000mL
です。

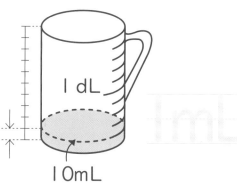

10mL

1L＝10dL＝1000mL
1dL＝100mL

78

1 かさの たんい （L、dL、mL）を □ に かきましょう。

① きゅう食の 牛にゅうは、200 □ です。

② 1L＝10 □ です。

2 かさの 多い 方に ○を つけましょう。

① { ⑦ 6000mL （ ）
　 ⑦ 7L 　　（ ）

② { ⑦ 1L 　　（ ）
　 ⑦ 90mL 　（ ）

③ { ⑦ 10dL 　（ ）
　 ⑦ 2L 　　（ ）

④ { ⑦ 600mL 　（ ）
　 ⑦ 5dL 　（ ）

3 つぎの 計算を しましょう。

① 　4L6dL
　＋2L2dL

② 　5L7dL
　－3L4dL

③ 3L－1L5dL＝

④ 4L2dL＋3dL＝

⑤ 右の 牛にゅうパック 2つを あわせると、
何mLですか。

しき

答え 　　　　　 mL

口ボたまに おしえよう！

1dL＝（ 　　 ）mL　10dL＝（ 　　 ）mL

学力の基礎をきたえどの子も伸ばす研究会

HPアドレス　http://gakuryoku.info/

常任委員長　岸本ひとみ
事務局　〒675-0032 加古川市加古川町備後 178-1-2-102 岸本ひとみ方　☎・Fax 0794-26-5133

① めざすもの
　私たちは、すべての子どもたちが、日本国憲法と子どもの権利条約の精神に基づき、確かな学力の形成を通して豊かな人格の発達が保障され、民主平和の日本の主権者として成長することを願っています。しかし、発達の基盤ともいうべき学力の基礎を鍛えられないまま落ちこぼれている子どもたちが普遍化し、「荒れ」の情況があちこちで出てきています。
　私たちは、「見える学力、見えない学力」を共に養うこと、すなわち、基礎の学習をやり遂げさせることと、読書やいろいろな体験を積むことを通して、子どもたちが「自信と誇りとやる気」を持てるようになると考えています。
　私たちは、人格の発達が歪められている情況の中で、それを克服し、子どもたちが豊かに成長するような実践に挑戦します。
　そのために、つぎのような研究と活動を進めていきます。
　　① 「読み・書き・計算」を基軸とした学力の基礎をきたえる実践の創造と普及。
　　② 豊かで確かな学力づくりと子どもを励ます指導と評価の探究。
　　③ 特別な力量や経験がなくても、その気になれば「いつでも・どこでも・だれでも」ができる実践の普及。
　　④ 子どもの発達を軸とした父母・国民・他の民間教育団体との協力、共同。
　私たちの実践が、大多数の教職員や父母・国民の方々に支持され、大きな教育運動になるよう地道な努力を継続していきます。

② 会　　　員
　• 本会の「めざすもの」を認め、会費を納入する人は、会員になることができる。
　• 会費は、年4000円とし、7月末までに納入すること。①または②

① 郵便振替　口座番号　00920-9-319769　　名　　称　学力の基礎をきたえどの子も伸ばす研究会	② ゆうちょ銀行　　店番099　店名〇九九店（ゼロキュウキュウ）　当座0319769

　• 特典　研究会をする場合、講師派遣の補助を受けることができる。
　　　　　大会参加費の割引を受けることができる。
　　　　　学力研ニュース、研究会などの案内を無料で送付してもらうことができる。
　　　　　自分の実践を学力研ニュースなどに発表することができる。
　　　　　研究の部会を作り、会場費などの補助を受けることができる。
　　　　　地域サークルを作り、会場費の補助を受けることができる。

③ 活　　　動
全国家庭塾連絡会と協力して以下の活動を行う。
　• 全 国 大 会　全国の研究、実践の交流、深化をはかる場とし、年1回開催する。通常、夏に行う。
　• 地域別集会　地域の研究、実践の交流、深化をはかる場とし、年1回開催する。
　• 合宿研究会　研究、実践をさらに深化するために行う。
　• 地域サークル　日常の研究、実践の交流、深化の場であり、本会の基本活動である。
　　　　　　　　　可能な限り月1回の月例会を行う。
　• 全国キャラバン　地域の要請に基づいて講師派遣をする。

全 国 家 庭 塾 連 絡 会

① めざすもの
　私たちは、日本国憲法と教育基本法の精神に基づき、すべての子どもたちが確かな学力と豊かな人格を身につけて、わが国の主権者として成長することを願っています。しかし、わが子も含めて、能力があるにもかかわらず、必要な学力が身につかないままになっている子どもたちがたくさんいることに心を痛めています。
　私たちは学力研が追究している教育活動に学びながら、「全国家庭塾連絡会」を結成しました。
　この会は、わが子に家庭学習の習慣化を促すことを主な活動内容とする家庭塾運動の交流と普及を目的としています。
　私たちの試みが、多くの父母や教職員、市民の方々に支持され、地域に根ざした大きな運動になるよう学力研と連携しながら努力を継続していきます。

② 会　　　員
　本会の「めざすもの」を認め、会費を納入する人は会員になれる。
　会費は年額1500円とし（団体加入は年額3000円）、8月末までに納入する。
　会員は会報や連絡交流会の案内、学力研集会の情報などをもらえる。

事務局　〒564-0041 大阪府吹田市泉町 4-29-13 影浦邦子方　☎・Fax 06-6380-0420
郵便振替　口座番号　00900-1-109969　　名称　全国家庭塾連絡会

算数だいじょうぶドリル　小学2年生

2021年1月20日　発行

● 著者／深澤 英雄
　編集／金井 敬之
● デザイン／美濃企画株式会社
● 制作担当編集／樫内 真名生
● 企画／清風堂書店
● HP／http://foruma.co.jp

● 発行者／面屋 尚志
● 発行所／フォーラム・A
　〒530-0056 大阪市北区兎我野町15-13 ミユキビル
　TEL／06-6365-5606　FAX／06-6365-5607
　振替／00970-3-127184
　乱丁・落丁本はおとりかえいたします。

p. 4-5 　🐟❶　かずと すうじ

❶ こたえは、しょうりゃくして います。

❷
① 　　　　　　　　　　　9
② 　　　　　　　　　　　8
③ 　　　　　　　　　　　4
④ 　　　　　　　　　　　5
⑤ 　　　　　　　　　　　10

❸　① 3　　　② 3　　　③ 9
　　④ 8　　　⑤ 6　　　⑥ 9

❹ ① [4]→[5]→[6]→[7]→[8]→[9]

② [0]→[1]→[2]→[3]→[4]→[5]

③ [10]→[9]→[8]→[7]→[6]→[5]
→[4]→[3]→[2]→[1]→[0]

p. 6-7 　🐟❷　いくつと いくつ

❶　① 4　　　② 2　　　③ 5
　　④ 3　　　⑤ 3　　　⑥ 2
　　⑦ 2　　　⑧ 5　　　⑨ 6
❷　① 8
　　② 7
　　③ 6
❸　① 3
　　② 1
　　③ 0
　　④ 9
❹　① 0　　　② 9　　　③ 2
　　④ 7　　　⑤ 4　　　⑥ 5

ロボたまに おしえよう!　　|

p. 8-9 **3** 10までの たしざん・ひきざん

1 ① 7

② 6

③ 8

④ 9

⑤ 6

⑥ 8

⑦ 9

⑧ 7

2 ① 2

② 3

③ 4

④ 6

⑤ 6

⑥ 1

⑦ 3

⑧ 4

ロボたまに おしえよう! 7、4

p. 10-11 **4** 10より 大きい かず

1 ① 1、7 ② 1、8 ③ 1、9 ④ 2、0

2 ① ② ③ ④ ⑤

3 ① 13

② 17

③ 15

④ 19

⑤ 11

4 ① 2

② 8

③ 4

④ 6

ロボたまに おしえよう! 3

5 くり上がりの ある たしざん①

1 しき　　4+7=11
　　こたえ　11こ

2 しき　　6+9=15
　　こたえ　15わ

3 しき　　8+8=16
　　こたえ　16ぴき

ロボたまにおしえよう！　10

6 くり上がりの ある たしざん②

① 10	⑫ 12	㉓ 12	㉞ 16
② 11	⑬ 13	㉔ 13	㉟ 17
③ 10	⑭ 14	㉕ 14	㊱ 10
④ 11	⑮ 10	㉖ 15	㊲ 11
⑤ 12	⑯ 11	㉗ 16	㊳ 12
⑥ 10	⑰ 12	㉘ 10	㊴ 13
⑦ 11	⑱ 13	㉙ 11	㊵ 14
⑧ 12	⑲ 14	㉚ 12	㊶ 15
⑨ 13	⑳ 15	㉛ 13	㊷ 16
⑩ 10	㉑ 10	㉜ 14	㊸ 17
⑪ 11	㉒ 11	㉝ 15	㊹ 18

7 くり下がりの ある ひきざん①

1 しき　　12-8=4
　　こたえ　みかんが 4こ おおい

2 しき　　15-6=9
　　こたえ　9人

3 しき　　14-6=8
　　こたえ　8さい

ロボたまにおしえよう！　4、7、4、4、7

8 くり下がりの ある ひきざん②

① 9	⑪ 7	㉑ 4	㉜ 8
② 8	⑫ 6	㉒ 9	㉝ 7
③ 7	⑬ 5	㉓ 8	㉞ 9
④ 6	⑭ 4	㉔ 7	㉟ 8
⑤ 5	⑮ 3	㉕ 6	㊱ 9
⑥ 4	⑯ 9	㉖ 5	㊲ 9
⑦ 3	⑰ 8	㉗ 9	㊳ 8
⑧ 2	⑱ 7	㉘ 8	㊴ 7
⑨ 9	⑲ 6	㉙ 7	㊵ 6
⑩ 8	⑳ 5	㉚ 6	㊶ 5
		㉛ 9	㊷ 4

9 3つの かずの けいさん

1 しき　　10-2-5=3

こたえ　3びき

2 ① 9　　② 16

③ 2　　④ 5

ロボたまに **おしえよう!**　　3、7、5、3

3 しき　　8-4+3=7

こたえ　7わ

4 ① 4　　② 6

③ 6　　④ 9

⑤ 7　　⑥ 12

ロボたまに **おしえよう!**　　2、8、8、2

10 100までの かず、100より 大きな かず

1 ①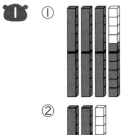

3、6

②

2、2

2 ① 47　　② 68

3 ① 40―45―50―55―60―65

② 10―20―30―40―50―60

4 ① 80―90―100―110―120―130

② 100―102―104―106―108―110

③ 120―122―124―126―128―130

5 ① 1、1、0

② 1、0、5

③ 1、3、0

④ 1、1、5

ロボたまにおしえよう! 48、100

p. 24-25 　**11**　2けたの たしざん・ひきざん

1 しき　32＋20＝52

こたえ　52円

2 ① 19　　⑥ 15

② 90　　⑦ 70

③ 78　　⑧ 27

④ 100　　⑨ 100

⑤ 72　　⑩ 89

3 しき　68－7＝61

こたえ　61さい

4 ① 12　　⑤ 10

② 70　　⑥ 40

③ 10　　⑦ 30

④ 8　　⑧ 50

ロボたまにおしえよう! 27、7

p. 26-27 　**12**　とけい

1 ① ㋑

② ㋒

2 ① 2じ　　　② 9じ

③ 9じ30ぷん　　④ 7じはん

⑤ 11じ44ふん　　⑥ 5じ6ぷん

ロボたまにおしえよう! みじかい、ながい

p. 28 **13** ながさくらべ

🐻① ① ④   ② ④

　　③ ⑦

🐻② ① 13

　　② 4

　　③ 11

p. 29 **14** ひろさくらべ

🐻① ②

🐻② ①

🐻③ ②

p. 30 **15** かさくらべ

🐻① ① ④

　　② ⑦

🐻② ⑦ 2   ④ 3   ⑦ 1

p. 31 **16** いろいろな かたち

🐻① ① ④

　　② ④

🐻② ① 2こ

　　② 6こ

　　③ 2こ

　　④ 4こ

p. 32 さんすうクロスワード

	① し		② ろ		③ ま
④ い	ち	の	く	ら	い
	じ		じ		
⑤ し			⑥ は	ち	じ
⑦ た	し	ざ	ん		

p. 34-35　**1**　2けたの たし算（くり上がり なし）

1　① 98　② 94　③ 78
　④ 79　⑤ 93　⑥ 90

2　①
```
  4 6
+ 2 3
  6 9
```
②
```
  2 6
+ 1 2
  3 8
```
③
```
  2 3
+ 6 0
  8 3
```
　④
```
  4 4
+   5
  4 9
```
⑤
```
    2
+ 7 0
  7 2
```
⑥
```
  4 2
+   7
  4 9
```

ロボたまに おしえよう！　くらい、一

p. 36-37　**2**　2けたの たし算（くり上がり あり）

1　① 56　② 44　③ 90
　④ 60　⑤ 72　⑥ 81

2　①
```
  2 7
+ 6 4
  9 1
```
②
```
  1 8
+ 7 5
  9 3
```
③
```
  4 3
+ 4 8
  9 1
```
　④
```
  6 9
+ 1 6
  8 5
```
⑤
```
  3 7
+ 2 6
  6 3
```
⑥
```
  1 9
+ 5 8
  7 7
```

ロボたまに おしえよう！　|

p. 38-39　**3**　2けたの ひき算（くり下がり なし）

1　① 27　② 22　③ 33
　④ 28　⑤ 44　⑥ 53

2　①
```
  6 5
- 5 2
  1 3
```
②
```
  6 9
- 6 4
    5
```
③
```
  4 3
- 3 0
  1 3
```
　④
```
  5 7
-   3
  5 4
```
⑤
```
  3 7
-   7
  3 0
```
⑥
```
  9 4
- 5 4
  4 0
```

ロボたまに おしえよう！　たて、くらい

8

p. 40-41 **2けたの ひき算（くり下がり あり）**

 ① 24 ② 26 ③ 29

④ 43 ⑤ 48 ⑥ 88

② ①
```
   9 6
-  5 9
   3 7
```
②
```
   3 5
-  1 7
   1 8
```
③
```
   6 5
-  2 8
   3 7
```

④
```
   4 0
-  2 7
   1 3
```
⑤
```
   7 6
-    8
   6 8
```
⑥
```
   3 0
-    3
   2 7
```

ロボたまに おしえよう！ 十、1

---

p. 42-43 **1000までの 数、10000までの 数**

① ① ⑦ 200 ④ 500 ⑦ 600

② ① 740 ① 745 ① 755 ① 760

② ① 2、8、5

② 9、2、0

③ 6、5、2、0

④ 9、0、0、7

⑤ 8600

⑥ 9990

ロボたまに おしえよう！ 千、万（1万、一万）

---

p. 44-45 **2けた＋2けた＝3けた**

 ① 108 ② 114 ③ 116

④ 145 ⑤ 114 ⑥ 143

② ①
```
   4 2
+  6 7
 1 0 9
```
②
```
   3 2
+  9 6
 1 2 8
```
③
```
     9
+  7 3
   8 2
```

④
```
   9 8
+  1 9
 1 1 7
```
⑤
```
   3 9
+  6 4
 1 0 3
```
⑥
```
   9 8
+    4
 1 0 2
```

ロボたまに おしえよう！ 10

7 3けた＋2けた

1　① 589　　② 268
　　③ 391　　④ 472

2　①
```
  5 7 7
＋   1 8
  5 9 5
```
②
```
  2 6 6
＋   2 4
  2 9 0
```

　　③
```
  8 7 5
＋   1 8
  8 9 3
```
④
```
  5 6 2
＋   2 9
  5 9 1
```

ロボたまに おしえよう！　そろえて、一

---

8 3けた－2けた①

1　① 74　　② 41
　　③ 47　　④ 63

2　①
```
  1 7 7
－   9 2
    8 5
```
②
```
  1 3 8
－   7 7
    6 1
```

　　③
```
  1 5 6
－   6 8
    8 8
```
④
```
  1 7 0
－   8 6
    8 4
```

ロボたまに おしえよう！　くらい、一

---

9 3けた－2けた②

1　① 28　　② 67
　　③ 92　　④ 97

2　①
```
  1 0 2
－   2 5
    7 7
```
②
```
  1 0 8
－   8 9
    1 9
```

　　③
```
  1 0 5
－   1 6
    8 9
```
④
```
  1 0 4
－   3 6
    6 8
```

ロボたまに おしえよう！　百

p. 58-59 **11** 7・8・9のだんの れんしゅう

1
① 81 ⑧ 28
② 8 ⑨ 56
③ 49 ⑩ 16
④ 64 ⑪ 56
⑤ 18 ⑫ 14
⑥ 9 ⑬ 72
⑦ 48 ⑭ 32

2
① 24 ⑩ 63
② 72 ⑪ 21
③ 36 ⑫ 54
④ 42 ⑬ 45
⑤ 7 ⑭ 63
⑥ 27 ⑮ 32
⑦ 72 ⑯ 35
⑧ 48 ⑰ 49
⑨ 40 ⑱ 72

p. 60-61 **12** 九九 50もん

① 18 ⑬ 72 ㉕ 63 ㊳ 18
② 42 ⑭ 35 ㉖ 54 ㊴ 28
③ 56 ⑮ 14 ㉗ 35 ㊵ 54
④ 24 ⑯ 81 ㉘ 36 ㊶ 40
⑤ 30 ⑰ 27 ㉙ 32 ㊷ 32
⑥ 24 ⑱ 63 ㉚ 21 ㊸ 48
⑦ 28 ⑲ 36 ㉛ 16 ㊹ 18
⑧ 21 ⑳ 25 ㉜ 45 ㊺ 49
⑨ 72 ㉑ 16 ㉝ 42 ㊻ 14
⑩ 12 ㉒ 27 ㉞ 36 ㊼ 45
⑪ 64 ㉓ 10 ㉟ 15 ㊽ 48
⑫ 30 ㉔ 24 ㊱ 56 ㊾ 40
㊲ 16 ㊿ 20

1 ①

かけられる 数 ＼ かける 数		2	4	1	6	3	8	5	7	9
1のだん	1	2	4	1	6	3	8	5	7	9

②

かけられる 数 ＼ かける 数		7	5	8	6	1	9	4	3	2
2のだん	2	14	10	16	12	2	18	8	6	4

③

かけられる 数 ＼ かける 数		4	1	9	2	3	5	8	7	6
3のだん	3	12	3	27	6	9	15	24	21	18

④

かけられる 数 ＼ かける 数		8	1	4	2	9	3	6	5	7
4のだん	4	32	4	16	8	36	12	24	20	28

2 ①

かけられる 数 ＼ かける 数		5	3	6	4	1	7	2	8	9
5のだん	5	25	15	30	20	5	35	10	40	45

②

かけられる 数 ＼ かける 数		8	1	9	7	2	6	3	5	4
6のだん	6	48	6	54	42	12	36	18	30	24

③

かけられる 数 ＼ かける 数		4	5	1	6	9	8	2	7	3
7のだん	7	28	35	7	42	63	56	14	49	21

④

かけられる 数 ＼ かける 数		6	5	9	1	8	2	7	4	3
8のだん	8	48	40	72	8	64	16	56	32	24

⑤

かけられる 数 ＼ かける 数		4	1	5	2	3	6	9	8	7
9のだん	9	36	9	45	18	27	54	81	72	63

p. 64-65 **14** あなあき九九

①	6	⑬	1	㉕	7	㊳	2
②	7	⑭	8	㉖	7	㊴	9
③	7	⑮	6	㉗	8	㊵	2
④	8	⑯	3	㉘	3	㊶	9
⑤	4	⑰	5	㉙	8	㊷	1
⑥	7	⑱	6	㉚	4	㊸	1
⑦	1	⑲	3	㉛	6	㊹	2
⑧	6	⑳	9	㉜	5	㊺	5
⑨	5	㉑	2	㉝	9	㊻	8
⑩	2	㉒	5	㉞	7	㊼	4
⑪	4	㉓	1	㉟	9	㊽	5
⑫	1	㉔	8	㊱	6	㊾	9
				㊲	1	㊿	3

p. 66-67 **15** たし算・ひき算の 文しょうだい

1 しき　46+35=81

　　答え　81人

$$\begin{array}{r}46\\+35\\\hline 81\end{array}$$

2 しき　52+28=80

　　答え　80円

$$\begin{array}{r}52\\+28\\\hline 80\end{array}$$

3 しき　26+47=73

　　答え　73本

$$\begin{array}{r}26\\+47\\\hline 73\end{array}$$

4 しき　94-79=15

　　答え　赤玉が 15こ 多く 入った

$$\begin{array}{r}94\\-79\\\hline 15\end{array}$$

5 しき　50-24=26

　　答え　26まい

$$\begin{array}{r}50\\-24\\\hline 26\end{array}$$

6 しき　72-15=57

　　答え　57円

$$\begin{array}{r}72\\-15\\\hline 57\end{array}$$

ロボたまにおしえよう！　たし、ひき

p. 68-69 **16** かけ算の 文しょうだい

1 しき　7×5=35

　　答え　35日

2 しき　6×8=48

　　答え　48さつ

3 しき　3×5=15

　　答え　15こ

3 の 考え方

3　×　5　＝　15

おさら 1まいあたりの 数　｜　おさら いくつ分　｜　ケーキ ぜんぶの 数

ロボたまにおしえよう！　こ（たんい）

p. 70-71 **17** 時こくと 時間

1 ① 午前11時5分 ② 午後10時32分

2 ① 2時間

② 12時間40分間

3 ① 午後3時20分

② 午後2時

ロボたまに**おしえよう!** 1、1、1

p. 72-73 **18** 長さ（mm、cm）

1 ③

2 ① 2cm6mm（26mm） ② 4cm8mm（48mm）

③ 9cm1mm（91mm）

3 ① 80

② 9

③ 4、7

④ 81

4 ① 9cm（90mm）

② 1cm5mm（15mm）

ロボたまに**おしえよう!** 1

p. 74-75 **19** 長い ものの 長さ（m）

1 ① 100 ② 2

③ 540

④ 309

2 ① 180cm

② 1m80cm

3 ① 18

② 8

③ 9、40

④ 6、30

ロボたまに**おしえよう!** 10、100